SALUD DEL FUTURO

Cómo la Biotecnología y el Bienestar Mental Transformarán tu Vida en 2025 y Más Allá

Copyright © 2024 CONSULTORIA IA

All rights reserved

The characters and events portrayed in this book are fictitious. Any similarity to real persons, living or dead, is coincidental and not intended by the author.

No part of this book may be reproduced, or stored in a retrieval system, or transmitted in any form or by any means, electronic, mechanical, photocopying, recording, or otherwise, without express written permission of the publisher.

Cover design by: Art Painter
Library of Congress Control Number: 2018675309
Printed in the United States of America

A NUESTRA FAMILIA

CONTENTS

CONTENIDOS

Titulo
Derechos de autor
Dedicatoria
Reseña
Audiencia objetivo
¿Por qué leer este libro?
Prefacio
Capítulo 1: El Futuro Está en tu ADN: Cómo la Biotecnología Redefinirá la Medicina
Capítulo 2: Neurociencia y Felicidad: Hackeando el Cerebro para una Vida Mejor
Capítulo 3: Inteligencia Artificial: Tu Nuevo Médico y Coach de Bienestar
Capítulo 4: Tecnología Usable: Desde Relojes Inteligentes hasta Implantes Biomédicos
Capítulo 5: Nutrición del Futuro: Alimentos Inteligentes y Medicina Nutricional
Apéndices

RESEÑA DE "SALUD DEL FUTURO: CÓMO LA BIOTECNOLOGÍA Y EL BIENESTAR MENTAL TRANSFORMARÁN TU VIDA EN 2025 Y MÁS ALLÁ"

En un mundo donde la tecnología avanza a pasos agigantados, *Salud del Futuro* explora cómo la biotecnología y un enfoque renovado en el bienestar mental están revolucionando la manera en que vivimos, trabajamos y cuidamos de nuestra salud. Este libro combina información accesible y actualizada con una visión optimista, mostrando cómo innovaciones como la medicina personalizada, los dispositivos de monitoreo de salud y las terapias digitales están moldeando el futuro de la salud.

Además, destaca la importancia del bienestar mental como pilar del éxito personal y profesional, ofreciendo herramientas prácticas y perspectivas que inspiran a los lectores a tomar el control de su bienestar. Perfecto para quienes buscan mantenerse a la vanguardia, *Salud del Futuro* es una guía imprescindible para entender y aprovechar las oportunidades que definirán la próxima era de la salud.

LA AUDIENCIA OBJETIVO DE "SALUD DEL FUTURO: CÓMO LA BIOTECNOLOGÍA Y EL BIENESTAR MENTAL TRANSFORMARÁN TU VIDA EN 2025 Y MÁS ALLÁ" ESTÁ COMPUESTA POR:

1. **Profesionales de la Salud y la Biotecnología**: Médicos, científicos, investigadores, y expertos en salud que buscan mantenerse actualizados sobre las innovaciones tecnológicas que están impactando la medicina y el bienestar.
2. **Emprendedores y Empresarios del Sector Tecnológico**: Aquellos interesados en las oportunidades comerciales que ofrecen la biotecnología y el bienestar mental, especialmente en campos como la medicina personalizada, la inteligencia artificial aplicada a la salud y los dispositivos portátiles de monitoreo.
3. **Individuos Conscientes de su Bienestar**: Personas que valoran su salud física y mental y buscan herramientas para mejorar su calidad de vida mediante el uso de tecnologías emergentes y prácticas de bienestar mental.
4. **Estudiantes y Profesionales de la Salud Pública y la Psicología**: Aquellos que están en la vanguardia del conocimiento sobre salud mental y las ciencias de la vida, interesados en cómo las nuevas tendencias impactarán su campo de estudio y futuro profesional.
5. **Líderes y Tomadores de Decisiones**: Ejecutivos de empresas de salud, tecnología y bienestar que buscan entender cómo adaptar sus modelos de negocio a las nuevas tendencias y demandas del mercado.
6. **Personas Interesadas en el Futuro de la Salud**: Lectores curiosos y entusiastas de las nuevas tendencias, interesados en comprender cómo la tecnología y el bienestar mental redefinirán la forma en que cuidamos nuestra salud en los próximos años.

¿POR QUÉ LEER "SALUD DEL FUTURO: CÓMO LA BIOTECNOLOGÍA Y EL BIENESTAR MENTAL TRANSFORMARÁN TU VIDA EN 2025 Y MÁS ALLÁ"?

1. **Accede a Información de Vanguardia**: Este libro ofrece una mirada profunda y accesible a las últimas innovaciones en biotecnología y bienestar mental, proporcionándote las herramientas necesarias para comprender cómo estas tecnologías transformarán tu salud y calidad de vida en los próximos años.
2. **Prepárate para el Futuro de la Salud**: A medida que la medicina personalizada y los avances en el monitoreo digital avanzan, el conocimiento sobre estos temas será clave para adaptarte a los cambios que vienen. Este libro te prepara para enfrentar estos avances con una mentalidad abierta y preparada.
3. **Equilibrio entre Salud Física y Mental**: No solo se enfoca en la biotecnología, sino que también subraya la importancia del bienestar mental como base para una vida saludable y exitosa. Aprenderás cómo cuidar de tu salud mental de manera proactiva y cómo las tecnologías emergentes están ayudando a mejorarla.
4. **Transforma Tu Vida con Nuevas Herramientas**: Ya sea que busques mejorar tu rendimiento personal, gestionar el estrés o entender mejor tu cuerpo, este libro ofrece soluciones prácticas basadas en la ciencia para integrar la biotecnología y la salud mental en tu día a día.
5. **Un Enfoque Inspirador y Optimista**: Con un tono accesible, motivador y visionario, este libro te invita a explorar un futuro lleno de oportunidades para mejorar tu bienestar, gracias a las innovaciones tecnológicas.
6. **Para Profesionales y Curiosos del Futuro**: Si eres un profesional del sector salud, un emprendedor o simplemente alguien curioso por lo que está por venir, este libro es una guía completa para comprender cómo el futuro de la salud será modelado por la ciencia, la tecnología y un enfoque integral del bienestar.

PREFACIO

Vivimos en una era de avances científicos y tecnológicos sin precedentes, y la salud, como uno de los pilares fundamentales de nuestras vidas, no es la excepción. El futuro de la medicina, el bienestar y la calidad de vida está siendo reescrito a diario por innovaciones que, hace apenas unos años, parecían sacadas de una película de ciencia ficción. Hoy, esas innovaciones están al alcance de nuestras manos, y es el momento de comprender cómo afectarán nuestro día a día, tanto en lo físico como en lo mental.

Este libro es una invitación a adentrarse en ese futuro fascinante. A través de sus páginas, exploraremos cómo la biotecnología, las terapias personalizadas, el monitoreo inteligente de nuestra salud y el bienestar mental están convergiendo para transformar la forma en que entendemos y cuidamos nuestro cuerpo y mente. Desde la medicina genética hasta las herramientas digitales de gestión emocional, las posibilidades que se abren son infinitas, y cada una de ellas tiene el potencial de mejorar nuestras vidas de formas que hoy solo estamos empezando a imaginar.

Lo que sigue no es solo una exposición de hechos, sino una guía práctica y accesible para que, como lector, puedas comprender y aprovechar estos avances. Más allá de los avances técnicos, quiero que este libro sea una fuente de inspiración para que tomes el control de tu salud y bienestar, adoptando una mentalidad proactiva y una visión optimista del futuro. En un mundo que cambia rápidamente, la información es poder, y con las herramientas adecuadas, todos podemos estar mejor preparados para un futuro más saludable y equilibrado.

A lo largo de este viaje, nos sumergiremos en el papel de la biotecnología, el bienestar mental, y cómo juntos están dando forma a un nuevo paradigma de salud que integra lo mejor de la ciencia y la tecnología, todo en función de tu bienestar. Estoy convencido de que el futuro de la salud será más accesible, más personalizado y más empoderador para todos. Y este libro te ayudará a estar listo para aprovechar esa transformación.

Bienvenido al futuro de la salud. Bienvenido a tu mejor versión.

CAPÍTULO 1: EL FUTURO ESTÁ EN TU ADN: CÓMO LA BIOTECNOLOGÍA REDEFINIRÁ LA MEDICINA

E l mundo está a punto de experimentar una revolución que cambiará para siempre la manera en que entendemos, prevenimos y tratamos las enfermedades. En el centro de esta transformación se encuentra la biotecnología, una disciplina que combina biología, ingeniería y datos para abrir puertas inimaginables en el cuidado de la salud. La biotecnología no solo promete extender nuestras vidas, sino también mejorar significativamente su calidad, personalizando tratamientos que sean tan únicos como tu propio ADN.

El ADN como mapa de la salud

Imagínate un futuro donde tu médico no solo examine tus síntomas, sino que analice tu genoma completo para entender exactamente qué te hace único. Este mapa biológico contiene las instrucciones precisas que te hacen ser quien eres: tus características físicas, tus susceptibilidades genéticas y hasta cómo podrías responder a ciertos medicamentos. La medicina del siglo XX se enfocaba en tratamientos generales; el ibuprofeno que funciona para millones no siempre es eficaz para todos. En cambio, la biotecnología del siglo XXI busca diseñar intervenciones médicas específicas para cada individuo.

Por ejemplo, tecnologías como CRISPR-Cas9 ya permiten a los científicos editar genes con precisión quirúrgica. ¿Tienes una mutación que te predispone a una enfermedad hereditaria como la fibrosis quística? En lugar de tratar los síntomas, podríamos eliminar la mutación del gen en sí, evitando que la enfermedad se manifieste. Aunque este tipo de terapia génica aún está en sus primeras etapas, los avances ocurren a una velocidad asombrosa. Empresas como Illumina están trabajando para que la secuenciación del genoma sea tan accesible como una visita al médico general.

Medicina personalizada: de la teoría a la práctica

La medicina personalizada no es solo un concepto futurista; ya está transformando cómo se diagnostican y tratan enfermedades como el cáncer. En lugar de administrar quimioterapia estándar, que puede ser devastadora para el cuerpo, los médicos pueden ahora analizar las características genómicas del tumor para seleccionar tratamientos dirigidos. Esto no solo mejora las tasas de supervivencia, sino que también reduce los efectos secundarios. ¿Por qué exponer al cuerpo a terapias tóxicas si podemos atacar únicamente a las células dañinas?

Este enfoque está avanzando rápidamente gracias a los biomarcadores, moléculas específicas que pueden indicar la presencia de una enfermedad o predecir cómo responderá un paciente a un tratamiento. Por ejemplo, si tienes un tumor que expresa el biomarcador HER2, es probable que respondas bien a terapias específicas como el trastuzumab. Lo revolucionario es que estas terapias ya no son únicamente para enfermedades graves. En un futuro cercano, se podrían desarrollar tratamientos personalizados para condiciones comunes como la hipertensión o la diabetes, ajustados específicamente a tu perfil genético.

Biotecnología y prevención: el poder de anticiparse

La medicina del futuro no será reactiva, sino proactiva. En lugar de esperar a que las enfermedades aparezcan, la biotecnología permitirá predecirlas y prevenirlas con mucha anticipación. Uno de los desarrollos más prometedores en este ámbito son los *tests* genéticos de riesgo. Empresas como 23andMe y AncestryDNA han popularizado el análisis genético, pero estas pruebas solo rascan la superficie. Los futuros análisis profundizarán en la interacción entre tus genes, el ambiente y tus hábitos para ofrecerte un plan personalizado de salud y bienestar.

Por ejemplo, si tus genes indican una predisposición a la obesidad, un plan proactivo podría incluir recomendaciones dietéticas específicas y una rutina de ejercicios adaptada a tus necesidades metabólicas únicas. En enfermedades neurodegenerativas como el Alzheimer, las pruebas genéticas ya pueden identificar variantes como APOE-e4, que aumentan significativamente el riesgo. Con esta información, los médicos podrían recomendarte intervenciones tempranas, como cambios en tu estilo de vida o tratamientos preventivos que retrasen el inicio de la enfermedad.

Tecnología portátil y monitoreo en tiempo real

El avance de la biotecnología no se limita al ámbito de los laboratorios; también se está integrando en dispositivos cotidianos que llevamos puestos a diario. Los *wearables*, como relojes inteligentes y sensores implantables, están transformando la forma en que monitoreamos nuestra salud. Estos dispositivos no solo registran datos básicos como tu ritmo cardíaco o pasos diarios, sino que también pueden detectar señales más complejas, como cambios en tus niveles de glucosa o incluso indicadores precoces de un ataque cardíaco.

En un futuro cercano, estos dispositivos estarán directamente conectados con tu historial genético. Imagina un sensor implantado en tu piel que pueda monitorear en tiempo real las proteínas y hormonas en tu sangre, alertándote de cualquier anomalía antes de que sientas el más mínimo síntoma. Este tipo de tecnología no solo salvará vidas, sino que también reducirá los costos médicos al intervenir de manera temprana, antes de que las condiciones se vuelvan crónicas o requieran hospitalización.

Terapias avanzadas: más allá de la farmacología tradicional

Otra área emocionante de la biotecnología es el desarrollo de terapias celulares y regenerativas. Las células madre, por ejemplo, tienen la capacidad de transformarse en cualquier tipo de célula del cuerpo. Esto abre la puerta a la regeneración de órganos y tejidos dañados. ¿Un corazón debilitado por un infarto? En el futuro, podríamos inyectar células madre que se conviertan en tejido cardíaco nuevo, restaurando la función del órgano.

Además, las vacunas de próxima generación, como las basadas en ARN mensajero (ARNm), están revolucionando la prevención de enfermedades infecciosas. La pandemia de COVID-19 demostró el potencial de esta tecnología, y ahora los investigadores están aplicándola para combatir enfermedades como el cáncer y el VIH. Estas vacunas no solo enseñan al sistema inmunológico a reconocer y combatir amenazas específicas, sino que también pueden adaptarse rápidamente a mutaciones, un avance crítico en un mundo donde los patógenos evolucionan constantemente.

Los dilemas éticos del futuro

Aunque los beneficios de la biotecnología son enormes, también plantea preguntas éticas profundas. ¿Quién debería tener acceso a estas tecnologías? ¿Cómo garantizamos que la edición genética no sea utilizada con fines eugenésicos? ¿Qué hacemos con la información genética que podría predisponer a alguien a ciertas enfermedades pero que quizás nunca lleguen a desarrollarse? Estas son solo algunas de las cuestiones que la sociedad deberá abordar en esta nueva era.

Además, existe el riesgo de que estas tecnologías, al principio costosas, aumenten la brecha entre quienes pueden permitírselas y quienes no. Sin una regulación adecuada, el acceso desigual a la medicina personalizada podría exacerbar las desigualdades en salud. Es por eso que los gobiernos, las empresas biotecnológicas y la comunidad científica deben trabajar juntos para garantizar que los avances sean accesibles y éticos.

Un nuevo paradigma en la relación médico-paciente

Finalmente, la biotecnología también transformará la dinámica entre los médicos y los pacientes. En el modelo tradicional, el médico toma las decisiones basándose en su experiencia y los datos disponibles. Pero en este nuevo paradigma, los pacientes tendrán más información y control sobre su salud. Al comprender su propio ADN y los riesgos asociados, los individuos podrán tomar decisiones informadas sobre su cuidado. Esto fomentará una relación más colaborativa, donde el médico actúe como un guía que interpreta los datos genéticos y propone soluciones personalizadas.

El futuro de la medicina ya no es un sueño lejano; está sucediendo aquí y ahora. La biotecnología no solo promete alargar nuestras vidas, sino hacerlas más saludables, proactivas y personalizadas. Desde la edición genética hasta la medicina regenerativa y los dispositivos de monitoreo en tiempo real, las posibilidades son inmensas. Sin embargo, como con cualquier revolución tecnológica, el reto estará en cómo gestionamos estos avances para que beneficien a todos y no solo a unos pocos. ¿Estás listo para un futuro donde la clave de tu salud esté literalmente escrita en tu ADN? Prepárate, porque este futuro está mucho más cerca de lo que imaginas.

El Futuro de la Salud: Tecnologías Emergentes, Longevidad y el Impacto de la Medicina Personalizada

El siglo XXI está presenciando avances en la ciencia y la tecnología que prometen transformar la forma en que entendemos la salud, prevenimos las enfermedades y extendemos la vida humana. Entre las tecnologías emergentes más prometedoras se encuentran la edición genética, la medicina personalizada y las terapias avanzadas basadas en inteligencia artificial y biotecnología. Estas innovaciones no solo están cambiando la manera en que tratamos las enfermedades, sino que también están redefiniendo nuestra relación con el envejecimiento y la longevidad. Sin embargo, su implementación plantea retos éticos, económicos y técnicos que debemos abordar.

CRISPR y la revolución de la edición genética

Una de las tecnologías más transformadoras en la biología moderna es CRISPR-Cas9, una herramienta de edición genética que permite a los científicos modificar con precisión el ADN de cualquier organismo. Desde su desarrollo en 2012, CRISPR ha evolucionado rápidamente, pasando de ser una curiosidad científica a una tecnología con aplicaciones potenciales en la cura de enfermedades genéticas, el desarrollo de cultivos resistentes al clima y la creación de terapias innovadoras.

Impacto en la salud humana

CRISPR ofrece la posibilidad de tratar enfermedades genéticas como nunca antes. Condiciones como la fibrosis quística, la anemia de células falciformes y la distrofia muscular de Duchenne, que antes eran incurables, ahora tienen la posibilidad de ser corregidas al nivel del genoma. En 2020, se utilizó CRISPR para tratar con éxito a una paciente con anemia falciforme en un ensayo clínico pionero. La terapia corrigió el defecto genético subyacente, eliminando la necesidad de transfusiones sanguíneas frecuentes.

Además, esta herramienta tiene aplicaciones en la lucha contra enfermedades complejas como el cáncer. Los científicos están utilizando CRISPR para modificar células inmunitarias (como los linfocitos T) para que reconozcan y destruyan células tumorales de manera más efectiva. Esta técnica, conocida como CAR-T mejorado con CRISPR, ha mostrado resultados prometedores en ensayos clínicos, con tasas de remisión de hasta el 83% en algunos tipos de cáncer hematológico.

Longevidad y prevención

La edición genética también tiene un impacto potencial en el envejecimiento. Los investigadores están explorando cómo CRISPR podría influir en genes asociados con el envejecimiento celular, como el p16INK4a y el p53. Al manipular estos genes, es posible que podamos ralentizar el deterioro celular y extender la vida útil de las células, lo que a su vez podría aumentar la longevidad humana.

Sin embargo, aún quedan muchos retos por resolver. Por ejemplo, existe el riesgo de mutaciones no deseadas o "off-target", que podrían tener consecuencias impredecibles. Además, la edición genética plantea cuestiones éticas importantes: ¿deberíamos utilizar esta tecnología para mejorar rasgos humanos no médicos, como la inteligencia o la apariencia?

Medicina personalizada: el poder del genoma

La medicina personalizada está revolucionando la forma en que se diagnostican y tratan las enfermedades al adaptar las intervenciones médicas a las características genéticas individuales de cada paciente. Según un informe de *Market Research Future*, se estima que el mercado global de medicina personalizada alcanzará los $3.18 billones para 2027, creciendo a una tasa anual compuesta del 11.8%.

Diagnósticos más precisos

Una de las aplicaciones más inmediatas de la medicina personalizada es en los diagnósticos. Las pruebas genómicas permiten identificar variantes genéticas que predisponen a ciertas enfermedades, como el cáncer de mama (BRCA1 y BRCA2) o la enfermedad de Alzheimer (APOE-e4). Este conocimiento no solo permite la detección temprana, sino que también ayuda a los médicos a diseñar estrategias de prevención adaptadas al paciente.

Por ejemplo, en el caso del cáncer de mama, las mujeres con mutaciones en BRCA1 tienen un riesgo del 72% de desarrollar la enfermedad en algún momento de sus vidas. Con esta información, los médicos pueden recomendar exámenes de detección más frecuentes o incluso intervenciones preventivas, como la mastectomía profiláctica.

Terapias dirigidas

En lugar de tratar a todos los pacientes con un enfoque único, la medicina personalizada utiliza información genética para diseñar terapias dirigidas. En el cáncer de pulmón, por ejemplo, los pacientes con mutaciones en el gen EGFR pueden beneficiarse de tratamientos específicos como el osimertinib, que tiene una eficacia significativamente mayor que la quimioterapia tradicional.

Un estudio de *The Lancet* reveló que las terapias dirigidas aumentaron la tasa de supervivencia a cinco años en pacientes con cáncer avanzado del 5% al 23%. Estas cifras ilustran el enorme potencial de la medicina personalizada para transformar los resultados de salud.

Longevidad y terapias avanzadas

Más allá de tratar enfermedades, las tecnologías emergentes están enfocándose en extender la vida humana y mejorar su calidad. Los científicos están desarrollando terapias para abordar los procesos biológicos subyacentes al envejecimiento, como la acumulación de daños en el ADN, la disfunción mitocondrial y la inflamación crónica.

Terapias basadas en células madre

Las células madre son otra tecnología prometedora para la longevidad. Estas células tienen la capacidad de regenerar tejidos y órganos dañados, lo que podría ser clave para tratar enfermedades relacionadas con el envejecimiento, como la osteoartritis o la insuficiencia cardíaca.

En Japón, los investigadores utilizaron células madre pluripotentes inducidas (iPSCs) para regenerar tejido cardíaco en pacientes con insuficiencia cardíaca severa, mejorando significativamente su función cardíaca. Este avance sugiere que en un futuro cercano podríamos regenerar órganos envejecidos en lugar de depender de trasplantes.

Intervenciones metabólicas

Otra área de interés son los tratamientos metabólicos para la longevidad. Sustancias como la nicotinamida adenina dinucleótido (NAD+) y la rapamicina están siendo estudiadas por su capacidad para mejorar la función celular y prolongar la vida útil. En estudios con animales, la rapamicina ha extendido la vida útil en un 25-30%, y los ensayos clínicos en humanos están comenzando a explorar su potencial.

Retos y dilemas éticos

A pesar del entusiasmo por estas tecnologías, su implementación enfrenta numerosos desafíos.

Acceso y desigualdad

Uno de los principales problemas es el costo. Secuenciar un genoma completo cuesta actualmente entre $600 y $1,000, una cifra mucho menor que hace una década, pero todavía fuera del alcance de muchas personas. Además, los tratamientos personalizados, como las terapias CAR-T, pueden costar hasta $400,000 por paciente. Si no se abordan estas disparidades, corremos el riesgo de aumentar las desigualdades en salud, creando un mundo donde solo los ricos puedan acceder a estas innovaciones.

Privacidad de datos

El uso de información genética plantea serios problemas de privacidad. ¿Quién controla tu información genética? ¿Podrían las aseguradoras o empleadores discriminar basándose en esta información? A pesar de las leyes de protección de datos, como la Ley de No Discriminación por Información Genética (GINA) en Estados Unidos, las brechas en la regulación podrían exponer a los pacientes a riesgos significativos.

Ética de la manipulación genética

La edición genética en humanos plantea cuestiones éticas complejas. En 2018, el caso del científico chino He Jiankui, quien utilizó CRISPR para modificar embriones humanos, provocó un debate global. Aunque su intención era prevenir la transmisión del VIH, su experimento fue ampliamente condenado por ser prematuro e irresponsable.

El futuro de la salud

A medida que estas tecnologías continúan evolucionando, es evidente que estamos entrando en una nueva era de la medicina. Sin embargo, para que estas innovaciones sean sostenibles y accesibles, será fundamental invertir en infraestructura, fomentar la colaboración internacional y garantizar que los avances se implementen de manera ética y equitativa.

En este futuro, donde la longevidad y la salud óptima podrían ser más alcanzables que nunca, la clave estará en equilibrar el progreso científico con los valores humanos. ¿Estamos preparados para este nuevo paradigma? Con los retos superados, la promesa de una vida más larga y saludable está al alcance de nuestra generación.

CAPÍTULO 2: NEUROCIENCIA Y FELICIDAD: HACKEANDO EL CEREBRO PARA UNA VIDA MEJOR

El siglo XXI nos ha traído avances sorprendentes en la comprensión de cómo funciona el cerebro humano. Este órgano, más complejo que cualquier supercomputadora, ha sido objeto de fascinación para científicos, filósofos y médicos durante siglos. Hoy en día, gracias a la neurociencia, sabemos que es posible influir activamente en nuestra percepción de la felicidad, nuestra resiliencia emocional y hasta nuestra capacidad de superar traumas. Hackear el cerebro, un término que hasta hace poco sonaba a ciencia ficción, se está convirtiendo en una realidad accesible y transformadora. En este capítulo, exploraremos cómo estas herramientas y conocimientos están moldeando el bienestar mental y emocional, y cómo tú puedes aprovecharlos para llevar una vida más plena.

El cerebro y la búsqueda de la felicidad

Para entender cómo podemos "hackear" nuestra felicidad, es crucial comprender primero qué significa ser feliz desde el punto de vista neurocientífico. En términos simples, la felicidad no es un estado permanente, sino una serie de reacciones químicas en el cerebro. Estas reacciones están controladas por neurotransmisores clave como la dopamina, la serotonina, las endorfinas y la oxitocina.

Cada uno de estos químicos tiene un papel único. La dopamina, por ejemplo, está vinculada al sistema de recompensa del cerebro y nos impulsa a buscar experiencias placenteras. La serotonina regula el estado de ánimo, ayudándonos a sentirnos tranquilos y satisfechos. Las endorfinas, conocidas como los analgésicos naturales del cuerpo, se liberan durante el ejercicio físico o momentos de risa intensa, creando una sensación de bienestar. Finalmente, la oxitocina, conocida como la "hormona del amor", fomenta conexiones sociales y confianza.

Pero aquí está el truco: el cerebro humano no está diseñado para la felicidad constante. Evolutivamente, estamos programados para estar alerta al peligro, buscar comida y asegurar nuestra supervivencia. Este diseño tiene un costo: a menudo damos más peso a las experiencias negativas que a las positivas, lo que los neurocientíficos llaman el "sesgo de negatividad". Para hackear nuestra felicidad, necesitamos trabajar en reprogramar estas tendencias naturales, aprovechando herramientas modernas basadas en la neurociencia.

Tecnologías emergentes: De los neuroestimuladores a las aplicaciones de bienestar

La llegada de tecnologías avanzadas ha revolucionado nuestra capacidad de influir en el cerebro. Por ejemplo, los dispositivos de neuroestimulación, como los cascos de estimulación transcraneal, envían pequeñas corrientes eléctricas a áreas específicas del cerebro. Estudios recientes han demostrado que estas tecnologías pueden aumentar la producción de dopamina y serotonina, mejorar la concentración y hasta aliviar síntomas de depresión y ansiedad.

Otra herramienta innovadora son las aplicaciones de bienestar mental basadas en inteligencia artificial. Estas aplicaciones, como *Headspace* y *Calm*, utilizan técnicas de mindfulness y biofeedback para entrenar al cerebro a reaccionar de manera más saludable frente al estrés. Lo que es aún más impresionante es que la personalización de estas herramientas permite que cada individuo reciba recomendaciones basadas en su actividad cerebral única, medidas a través de dispositivos portátiles como relojes inteligentes o bandas de EEG.

Por ejemplo, imagina un futuro cercano en el que, al sentirte estresado, tu reloj detecta los cambios en tus patrones de frecuencia cardíaca y ondas cerebrales. Luego, recomienda una breve sesión de meditación guiada diseñada específicamente para calmar tu sistema nervioso. Esta integración de tecnología y neurociencia está marcando el comienzo de una era en la que hackear la felicidad no solo es posible, sino que es accesible para todos.

La conexión entre el intestino y el cerebro: El "hack" menos esperado

Un aspecto sorprendente de la neurociencia moderna es el descubrimiento del eje intestino-cerebro. Aunque el cerebro dirige muchas de nuestras funciones corporales, el intestino tiene un impacto significativo en nuestro estado de ánimo y bienestar mental. De hecho, el 90% de la serotonina del cuerpo se produce en el intestino, gracias a la interacción con bacterias beneficiosas conocidas como microbiota intestinal.

La investigación ha demostrado que una microbiota sana puede reducir los niveles de estrés, mejorar la memoria y fomentar un estado de ánimo más equilibrado. Por otro lado, desequilibrios en estas bacterias pueden provocar ansiedad, depresión y otros problemas de salud mental.

Hackear la felicidad, por lo tanto, también implica cuidar nuestra dieta y microbiota. Alimentos como el yogur, el kéfir, las verduras fermentadas y los suplementos de probióticos pueden ayudar a fortalecer este vínculo intestino-cerebro. Además, investigaciones recientes en biotecnología están explorando cómo "personalizar" probióticos para influir directamente en la producción de neurotransmisores, un avance que podría cambiar radicalmente cómo tratamos los trastornos emocionales.

Neuroplasticidad: La clave para reprogramar el cerebro

La neuroplasticidad es la capacidad del cerebro para adaptarse y cambiar a lo largo del tiempo, formando nuevas conexiones neuronales en respuesta a experiencias, aprendizaje y práctica. Este concepto desafía la idea de que el cerebro adulto es fijo y ofrece esperanza a quienes buscan transformar su bienestar mental.

Imagina tu cerebro como una autopista. Las rutas que usas con más frecuencia (como pensamientos negativos) se vuelven caminos bien pavimentados, mientras que las menos usadas (pensamientos positivos) son senderos llenos de maleza. Hackear el cerebro implica desviar el tráfico hacia los senderos menos utilizados, pavimentándolos con repetición y esfuerzo consciente.

Técnicas como la meditación, el journaling de gratitud y la terapia cognitivo-conductual son herramientas prácticas para reprogramar el cerebro. Por ejemplo, al practicar gratitud diariamente, entrenas a tu cerebro a buscar lo positivo en lugar de enfocarse en lo negativo. La repetición refuerza estas nuevas conexiones neuronales, haciéndolas más fuertes con el tiempo.

El lado ético del hackeo cerebral

Aunque los avances en neurociencia ofrecen oportunidades emocionantes, también plantean desafíos éticos. ¿Dónde trazamos la línea entre mejorar nuestra salud mental y alterar nuestra personalidad? ¿Quién controla el acceso a estas tecnologías y cómo aseguramos que sean seguras y equitativas?

Estas preguntas son más relevantes que nunca a medida que las empresas tecnológicas desarrollan herramientas cada vez más avanzadas. Por ejemplo, los dispositivos de neuroestimulación que prometen mejorar la productividad en el trabajo podrían ser utilizados para fines menos éticos, como manipular el comportamiento de los empleados.

Por otro lado, la comercialización de estas tecnologías puede limitar su accesibilidad a quienes pueden pagarlas, ampliando la brecha entre quienes tienen recursos y quienes no. En este sentido, hackear el cerebro no solo es una cuestión científica, sino también social.

Cómo empezar tu propio "hackeo cerebral"

Si bien algunas herramientas avanzadas pueden requerir tecnología especializada, existen prácticas sencillas que puedes incorporar hoy mismo para mejorar tu bienestar mental:

1. **Ejercicio físico**: Actividades como correr, nadar o practicar yoga liberan endorfinas, dopamina y serotonina, elevando tu estado de ánimo naturalmente.
2. **Mindfulness y meditación**: Estas prácticas reducen la actividad en la amígdala, la parte del cerebro responsable del estrés, y fortalecen la corteza prefrontal, que regula las emociones.
3. **Alimentación consciente**: Incorpora alimentos ricos en triptófano, como nueces, pescado y plátanos, que fomentan la producción de serotonina.
4. **Conexiones sociales**: Pasa tiempo con amigos y familiares. La oxitocina que se libera durante interacciones significativas fortalece tus lazos y mejora tu bienestar.
5. **Establece metas claras**: Lograr objetivos pequeños genera microdosis de dopamina, reforzando tu motivación y felicidad.

Recuerda que no se trata de un cambio instantáneo, sino de construir hábitos que, con el tiempo, reprogramen tu cerebro para responder mejor a los desafíos de la vida.

Mirando al futuro: ¿Qué viene después?
La neurociencia y la tecnología están solo arañando la superficie de lo que es posible. Desde interfaces cerebro-computadora que permitirán controlar dispositivos con el pensamiento, hasta terapias genéticas que podrían corregir desequilibrios químicos en el cerebro, el futuro promete herramientas aún más potentes para hackear la felicidad.

Sin embargo, el verdadero poder reside en entender que cada uno de nosotros tiene la capacidad de influir en su bienestar mental aquí y ahora. Al combinar conocimientos científicos con acciones prácticas, puedes comenzar a transformar tu vida hoy mismo.

Neuroplasticidad, Mindfulness y Nuevas Terapias Digitales: La Ciencia del Bienestar Mental

El bienestar mental ha cobrado un protagonismo sin precedentes en la sociedad actual. En un mundo donde el estrés, la ansiedad y la depresión afectan a cientos de millones de personas, la ciencia está rediseñando nuestras herramientas para alcanzar una mente más saludable y resiliente. Entre los conceptos más transformadores están la **neuroplasticidad**, el **mindfulness** y las **terapias digitales**, que, combinados, prometen revolucionar nuestra relación con la salud mental. En este capítulo, exploraremos la ciencia detrás de estas innovaciones, analizaremos ejemplos concretos de su efectividad y desglosaremos cómo pueden integrarse en nuestra vida diaria.

Neuroplasticidad: Reprogramando el Cerebro

La neuroplasticidad, o plasticidad neuronal, es la capacidad del cerebro para reorganizarse y formar nuevas conexiones a lo largo de la vida. Esta propiedad permite que el cerebro se adapte a experiencias, aprendizajes y lesiones, desafiando la antigua creencia de que nuestras capacidades mentales son fijas después de la infancia.

¿Cómo funciona?
El cerebro humano tiene aproximadamente **86 mil millones de neuronas**, y estas están conectadas por trillones de sinapsis. Cada vez que aprendemos algo nuevo o practicamos un hábito, estas conexiones se fortalecen o se crean nuevas. Por ejemplo, cuando aprendes a tocar un instrumento, las áreas del cerebro responsables del movimiento y la audición desarrollan conexiones más densas. Este mismo principio aplica al bienestar mental: si repetimos pensamientos positivos o entrenamos la atención plena, estamos literalmente reconfigurando nuestro cerebro.

Ejemplo práctico: Superar el estrés crónico
El estrés crónico daña el hipocampo, la región del cerebro asociada con la memoria y el aprendizaje, y amplifica la actividad de la amígdala, que controla las respuestas de lucha o huida. Sin embargo, estudios han demostrado que la práctica regular de técnicas de relajación, como el mindfulness, puede revertir estos efectos. Por ejemplo, un estudio de Harvard reveló que **participar en un programa de meditación de 8 semanas aumenta la densidad de la materia gris en áreas del cerebro relacionadas con la memoria y la regulación emocional.**

Impacto con cifras

Un informe de la Organización Mundial de la Salud (OMS) indica que las intervenciones basadas en la neuroplasticidad, como la terapia cognitivo-conductual (TCC), pueden reducir los síntomas de depresión en un **60%** de los casos, mientras que las prácticas de entrenamiento cerebral mejoran las habilidades cognitivas en un **30%**. Esto refuerza la idea de que podemos reprogramar nuestro cerebro para lograr un estado mental más saludable.

Mindfulness: Entrenando la Atención Plena

El mindfulness, o atención plena, es una práctica milenaria que se ha convertido en una herramienta esencial en la neurociencia moderna. Su objetivo es entrenar la mente para enfocarse en el momento presente, sin juicio ni distracciones. Esto parece simple, pero tiene un impacto profundo en cómo procesamos el estrés, las emociones y los pensamientos negativos.

La ciencia detrás del mindfulness

Cuando practicamos mindfulness, activamos la corteza prefrontal, responsable de la toma de decisiones y la autorregulación. Al mismo tiempo, disminuye la actividad en la amígdala, reduciendo nuestra respuesta al estrés. Además, el mindfulness fomenta la liberación de serotonina, mejorando el estado de ánimo, y disminuye los niveles de cortisol, la hormona del estrés.

Ejemplo práctico: Mindfulness en el lugar de trabajo

Un caso notable es el de Google, que introdujo un programa llamado *Search Inside Yourself*. Este entrenamiento de mindfulness ayuda a los empleados a manejar el estrés, mejorar la concentración y aumentar su resiliencia emocional. Según los resultados internos, los participantes experimentaron un **19% menos de estrés** y reportaron un **37% de mejora en su capacidad para trabajar en equipo**.

Impacto global

Un análisis de 47 estudios publicado en *JAMA Internal Medicine* mostró que el mindfulness es tan efectivo como los antidepresivos en el tratamiento de la depresión leve a moderada. Además, los programas basados en mindfulness reducen los niveles de ansiedad en un **58%** y mejoran el bienestar general en un **40%**, según la American Psychological Association.

Nuevas Terapias Digitales: La Revolución del Bienestar Mental

La tecnología ha transformado prácticamente todos los aspectos de nuestra vida, y la salud mental no es la excepción. Las **terapias digitales**, que incluyen aplicaciones, dispositivos portátiles y plataformas de inteligencia artificial, están democratizando el acceso a herramientas de bienestar mental, llevándolas a millones de personas de manera rápida y asequible.

Terapias digitales en acción

1. **Aplicaciones de bienestar mental**: Herramientas como *Calm* y *Headspace* combinan técnicas de mindfulness con inteligencia artificial para ofrecer meditaciones personalizadas. Según un estudio de la Universidad de Oxford, usar estas aplicaciones durante solo 10 minutos al día reduce los niveles de estrés en un **30%** en cuatro semanas.
2. **Realidad virtual (VR)**: La VR está siendo utilizada para tratar trastornos como la ansiedad social y el estrés postraumático. Por ejemplo, *Psious*, una plataforma de VR, sumerge a los pacientes en entornos controlados para enfrentar y superar sus miedos. Los estudios han mostrado una reducción del **70% en los síntomas de ansiedad** después de 12 sesiones.
3. **Biofeedback y dispositivos portátiles**: Equipos como el *Muse Headband* miden la actividad cerebral y ofrecen retroalimentación en tiempo real para entrenar la relajación y la concentración. Esto permite a los usuarios comprender cómo sus pensamientos y emociones afectan su cerebro, promoviendo un cambio más rápido.

Terapias digitales en salud pública

En el Reino Unido, el Servicio Nacional de Salud (NHS) ha comenzado a recetar aplicaciones de bienestar mental como alternativas a medicamentos. Este enfoque no solo es más accesible, sino también más económico: mientras que una terapia tradicional cuesta entre **$100 y $200 por sesión**, las aplicaciones tienen un costo mensual promedio de **$10 a $20**.

Cifras de impacto

Un informe de Deloitte estimó que el mercado global de aplicaciones de salud mental alcanzará los **$17.5 mil millones para 2030**, reflejando la creciente demanda de estas soluciones digitales. Además, los programas de realidad virtual han mostrado una tasa de éxito del **85%** en el tratamiento de fobias específicas, mientras que las plataformas de terapia en línea han reducido las listas de espera en un **25%** en países como Canadá.

Cómo integrar estas herramientas en la vida diaria

Adoptar prácticas basadas en neuroplasticidad, mindfulness y terapias digitales no requiere grandes inversiones de tiempo o dinero. Aquí te mostramos cómo puedes comenzar:

1. **Practica mindfulness durante 10 minutos al día**: Usa una aplicación como *Headspace* para empezar. Si prefieres no usar tecnología, simplemente siéntate en silencio, enfócate en tu respiración y observa tus pensamientos sin juicio.

2. **Participa en actividades que promuevan la neuroplasticidad**: Aprende un nuevo idioma, toca un instrumento o dedica tiempo a resolver problemas complejos. Estas actividades estimulan el cerebro y fortalecen las conexiones neuronales.
3. **Prueba terapias digitales**: Experimenta con aplicaciones gratuitas o de bajo costo que ofrezcan sesiones de mindfulness, ejercicios cognitivos o biofeedback.
4. **Usa dispositivos portátiles para monitorear tu progreso**: Relojes inteligentes y bandas de biofeedback pueden ayudarte a identificar patrones de estrés y mejorar tus hábitos diarios.
5. **Participa en programas de realidad virtual**: Si tienes acceso a VR, busca programas diseñados para reducir el estrés o mejorar habilidades específicas como la confianza social.

Mirando hacia el futuro

El futuro del bienestar mental está en la intersección de la neurociencia y la tecnología. Desde tratamientos personalizados basados en inteligencia artificial hasta avances en edición genética para corregir desequilibrios químicos, las posibilidades son ilimitadas.

Por ejemplo, las investigaciones actuales en neuroplasticidad están explorando cómo "reprogramar" el cerebro para superar adicciones y mejorar la creatividad. Al mismo tiempo, las terapias digitales están evolucionando hacia plataformas integradas que no solo diagnostican problemas mentales, sino que también ofrecen soluciones en tiempo real.

En los próximos años, podríamos ver la aparición de dispositivos portátiles que detecten cambios emocionales antes de que los percibamos conscientemente, recomendando intervenciones inmediatas como ejercicios de respiración o sesiones de mindfulness. Esto representa un cambio radical en cómo abordamos el bienestar mental, pasando de un enfoque reactivo a uno preventivo y proactivo.

La neuroplasticidad, el mindfulness y las terapias digitales están redefiniendo lo que significa cuidar nuestra mente. Estos avances no solo nos permiten alcanzar un bienestar mental más profundo, sino que también nos ofrecen herramientas prácticas y accesibles para enfrentar los desafíos de la vida moderna.

A medida que integramos estas prácticas en nuestra rutina diaria, nos acercamos a un futuro donde el bienestar mental no es un privilegio, sino un derecho accesible para todos. ¿Qué mejor momento para comenzar que ahora?

Área	Estadística o Dato	Fuente o Contexto
Neuroplasticidad	Revertir estrés crónico mejora la densidad de materia gris en el cerebro.	Estudio de Harvard sobre programas de meditación de 8 semanas.
	Terapia cognitivo-conductual (TCC) reduce los síntomas de depresión en un **60%**.	Organización Mundial de la Salud (OMS).
	Entrenamiento cerebral mejora habilidades cognitivas en un **30%**.	OMS.
Mindfulness	Reduce niveles de estrés en un **19%** y mejora la colaboración en un **37%**.	Programa *Search Inside Yourself* de Google.
	Comparado con antidepresivos, es igualmente efectivo para la depresión leve a moderada.	Análisis publicado en *JAMA Internal Medicine*.
	Reduce ansiedad en un **58%** y mejora bienestar en un **40%**.	American Psychological Association.
Terapias Digitales	Uso de aplicaciones como *Calm* reduce el estrés en un **30%** en 4 semanas.	Estudio de la Universidad de Oxford.
	Realidad virtual reduce síntomas de ansiedad en un **70%** tras 12 sesiones.	Plataforma *Psious*.
	Terapias digitales cuestan entre **$10** y **$20** al mes frente a **$100-$200** por sesión tradicional.	Servicio Nacional de Salud del Reino Unido (NHS).

	Terapias con realidad virtual tienen un **85%** de éxito en tratar fobias específicas.	Reporte de impacto global.
	Terapias digitales han reducido listas de espera en un **25%** en países como Canadá.	Informe de Deloitte.
Mercado Global de Tecnología	Mercado global de aplicaciones de salud mental proyectado en **$17.5 mil millones para 2030**.	Deloitte.

CAPÍTULO 3: INTELIGENCIA ARTIFICIAL: TU NUEVO MÉDICO Y COACH DE BIENESTAR

Imagina despertar una mañana y que tu asistente personal basado en inteligencia artificial (IA) te salude con una voz cálida: "Buenos días. Tus niveles de sueño profundo han mejorado un 15% esta semana. Basado en tus patrones actuales, recomiendo un desayuno con alto contenido de proteínas para optimizar tu energía. También he programado una sesión de meditación guiada para ayudarte a manejar el estrés acumulado del trabajo. ¿Te gustaría ajustarla al mediodía o en la tarde?"

Este no es un escenario de ciencia ficción, sino una realidad emergente que transformará profundamente nuestra relación con la salud y el bienestar. La inteligencia artificial no solo se está convirtiendo en un médico de bolsillo, capaz de diagnosticar enfermedades con precisión asombrosa, sino también en un coach de bienestar que entiende nuestras necesidades emocionales, físicas y mentales. Este capítulo explora cómo la IA se está integrando en el núcleo de nuestras vidas, ofreciendo soluciones personalizadas y revolucionando la manera en que cuidamos de nosotros mismos.

La Medicina Predictiva: Detección Antes de los Síntomas

La inteligencia artificial ha dado un salto cuántico en la medicina preventiva. En lugar de reaccionar a los síntomas, los algoritmos actuales analizan una combinación de datos genéticos, históricos médicos y patrones de comportamiento para predecir enfermedades antes de que se manifiesten. Empresas pioneras como DeepMind y IBM Watson han desarrollado modelos que detectan la posibilidad de condiciones graves, como cáncer o enfermedades cardíacas, con una precisión superior al 90%.

Por ejemplo, dispositivos como relojes inteligentes y sensores implantables recopilan información sobre el ritmo cardíaco, la calidad del sueño, los niveles de estrés y la actividad física las 24 horas del día. Estos datos son analizados en tiempo real por algoritmos que no solo identifican riesgos, sino que también sugieren acciones inmediatas: beber más agua, ajustar tu dieta o incluso acudir a un especialista antes de que un problema menor se convierta en una crisis.

Además, plataformas como HealthAI están entrenadas para analizar imágenes médicas, como resonancias magnéticas o radiografías, con una precisión que rivaliza e incluso supera a los radiólogos humanos. En cuestión de segundos, la IA puede identificar anomalías que podrían haber pasado desapercibidas, dando lugar a diagnósticos más tempranos y mejores pronósticos.

Esta capacidad predictiva no solo reduce costos médicos, sino que también salva vidas. Imagina un futuro donde tu médico virtual te alerte sobre un posible ataque al corazón con días o semanas de anticipación, permitiéndote tomar medidas proactivas. Esa es la promesa de la inteligencia artificial en la medicina.

Salud Mental en la Era de la IA: Más que un Chatbot

El bienestar mental, durante mucho tiempo relegado a un segundo plano en los sistemas de salud tradicionales, está recibiendo un impulso sin precedentes gracias a la IA. Plataformas como Woebot y Replika están diseñadas para ofrecer apoyo emocional las 24 horas del día, actuando como confidentes accesibles y libres de juicio. Estos sistemas no son simplemente chatbots que responden mecánicamente; están entrenados en terapias psicológicas como la cognitivo-conductual (TCC), lo que les permite ofrecer estrategias prácticas y personalizadas para manejar la ansiedad, la depresión y el estrés.

Un ejemplo de su eficacia es la capacidad de la IA para detectar patrones lingüísticos y de comportamiento que podrían indicar problemas de salud mental antes de que el usuario sea consciente de ellos. Si escribes frases como "Me siento agotado todo el tiempo" o "No veo el propósito de nada", el sistema no solo identifica posibles signos de depresión, sino que también sugiere actividades, ejercicios de mindfulness o incluso conectarte con un terapeuta humano en caso necesario.

El impacto potencial de estas herramientas es monumental, especialmente en áreas rurales o en países donde el acceso a la atención psicológica es limitado. Al democratizar el apoyo emocional, la IA está desafiando el estigma asociado con buscar ayuda y proporcionando una solución escalable para una crisis de salud mental global.

Pero la IA no se detiene ahí. En combinación con dispositivos como auriculares de electroencefalografía (EEG), estos sistemas pueden monitorear las ondas cerebrales en tiempo real, ajustando las recomendaciones según tu estado emocional actual. ¿Estás particularmente ansioso antes de una presentación importante? Tu coach de bienestar te guiará a través de un ejercicio de respiración diseñado específicamente para calmarte en ese momento.

Coaches de Bienestar Digital: Personalización Extrema

La idea de un coach de bienestar no es nueva, pero la IA está redefiniendo este concepto al ofrecer personalización a un nivel nunca antes visto. En lugar de un enfoque único para todos, los sistemas de inteligencia artificial utilizan datos individuales para diseñar programas de bienestar únicos. Desde sugerencias de entrenamiento basadas en tu historial de actividad hasta planes de nutrición que tienen en cuenta tus intolerancias alimenticias, la IA se convierte en tu entrenador personal, nutricionista y motivador, todo en uno.

Por ejemplo, aplicaciones como FutureFit o Fitbit Premium no solo registran tus pasos diarios; también analizan cómo tus patrones de actividad afectan tu nivel de energía y tu estado de ánimo. Si detectan que estás más activo por la mañana, podrían sugerir rutinas de ejercicios matutinos. Si notas que tu energía decae en las tardes, podrían recomendarte alimentos ricos en carbohidratos complejos o siestas estratégicas.

Lo más sorprendente es cómo la IA se adapta a los cambios en tiempo real. Si estás pasando por un periodo de mayor estrés, tu coach de bienestar podría priorizar prácticas de relajación y reducir la intensidad de tus entrenamientos. Esta flexibilidad y adaptabilidad no solo hacen que sea más fácil mantener un estilo de vida saludable, sino que también garantizan que los programas de bienestar sean sostenibles a largo plazo.

Ética y Privacidad: El Lado Oscuro de la Personalización

Sin embargo, con grandes avances vienen grandes responsabilidades. Uno de los mayores desafíos de integrar la IA en la salud y el bienestar es garantizar la privacidad y la seguridad de los datos. Cuando confías a un sistema tu información médica, emocional y personal, estás asumiendo un riesgo considerable. ¿Qué sucede si estos datos son hackeados o utilizados con fines comerciales?

Empresas líderes están abordando este problema mediante el uso de tecnologías de encriptación avanzada y políticas de anonimización de datos. Pero la preocupación persiste: ¿hasta qué punto deberíamos depender de sistemas que, aunque increíblemente útiles, también tienen el potencial de ser intrusivos?

Además, existe el riesgo de una dependencia excesiva de la tecnología. Aunque la IA puede ser una herramienta poderosa, no reemplaza el valor de las interacciones humanas en el cuidado de la salud. Es crucial encontrar un equilibrio entre aprovechar los beneficios de la inteligencia artificial y mantener una conexión humana en el centro de nuestras decisiones de bienestar.

El Futuro: De Reactivo a Proactivo

La inteligencia artificial está transformando la salud y el bienestar de una manera que nos permite pasar de ser pacientes reactivos a participantes proactivos en nuestro cuidado. Ya no se trata solo de tratar enfermedades, sino de optimizar cada aspecto de nuestras vidas para maximizar la calidad y la longevidad.

Imagina un mundo donde tu médico virtual te envíe un recordatorio para beber agua, tu coach de bienestar ajuste tus ejercicios en función de tu estado de ánimo, y un asistente de IA te ayude a navegar momentos emocionales difíciles con compasión y apoyo. Este es el futuro que está tomando forma, y tú tienes el poder de ser parte de esta revolución.

En los próximos capítulos, exploraremos cómo la biotecnología y otras innovaciones complementan esta transformación, creando un ecosistema de salud integral donde cuerpo, mente y tecnología trabajan en perfecta armonía. ¿Estás listo para abrazar este futuro? Porque la inteligencia artificial ya está aquí, preparada para ser tu mejor aliada en el viaje hacia una vida más saludable, equilibrada y plena.

UNA MIRADA AL ROL DE LA IA EN EL DIAGNÓSTICO, TRATAMIENTO Y PLANES PERSONALIZADOS DE SALUD FÍSICA Y MENTAL

La inteligencia artificial (IA) está transformando la manera en que entendemos, diagnosticamos y tratamos las enfermedades, así como cómo diseñamos planes personalizados de salud. En este capítulo, exploraremos tres casos emblemáticos que ilustran el impacto tangible de la IA en la salud física y mental. Veremos cómo empresas, países y líderes visionarios están liderando esta revolución, respaldados por cifras que subrayan su efectividad y alcance.

Caso 1: IBM Watson Health - El Asistente Médico del Futuro

IBM Watson Health se ha convertido en un referente global en el uso de la inteligencia artificial para el diagnóstico médico. Este sistema utiliza aprendizaje automático y procesamiento de lenguaje natural para analizar millones de datos médicos en tiempo récord, ayudando a los profesionales de la salud a identificar enfermedades complejas y diseñar tratamientos personalizados.

Impacto en el diagnóstico oncológico

Uno de los campos donde Watson Health ha mostrado su mayor potencial es en la oncología. Según estudios internos de IBM, Watson puede analizar más de 20 millones de registros médicos en menos de tres minutos, ofreciendo recomendaciones precisas sobre opciones de tratamiento. En el caso del cáncer de mama, Watson Health logró identificar con un 99% de precisión los tratamientos más efectivos en comparación con oncólogos experimentados.

Esto no solo acelera el proceso de diagnóstico, sino que también mejora significativamente las tasas de supervivencia. Según el **Journal of Clinical Oncology**, los pacientes diagnosticados temprano con ayuda de sistemas de IA tienen un 25% más de probabilidad de sobrevivir a cinco años.

Personalización en el tratamiento

Watson Health también ha demostrado su capacidad para personalizar planes de tratamiento. En un caso famoso en India, una paciente con cáncer de ovario avanzado fue tratada siguiendo un plan diseñado por Watson, que combinaba quimioterapia tradicional con medicina de precisión basada en sus genes. Este enfoque redujo significativamente los efectos secundarios y mejoró su calidad de vida, estableciendo un estándar para la medicina personalizada.

Caso 2: Reino Unido y Babylon Health - Democratizando el Acceso a la Salud

El Reino Unido ha adoptado un enfoque innovador para integrar la IA en su sistema nacional de salud (NHS). A través de una asociación con **Babylon Health**, una empresa tecnológica británica, el país ha democratizado el acceso a servicios de diagnóstico y tratamiento mediante aplicaciones móviles impulsadas por IA.

La app GP at Hand

Babylon Health desarrolló **GP at Hand**, una aplicación que permite a los pacientes interactuar con un "médico virtual" basado en IA. Este sistema analiza los síntomas descritos por el usuario y los compara con millones de registros médicos para sugerir posibles diagnósticos y recomendaciones. Desde su lanzamiento, más de 2.5 millones de usuarios han descargado la app, y el 85% de ellos ha reportado sentirse satisfecho con las respuestas obtenidas.

Impacto económico

Este modelo no solo mejora el acceso, sino que también reduce costos. Según un informe del NHS, cada consulta digital cuesta un promedio de £10, en comparación con £30 para una consulta presencial. Esto ha ahorrado al sistema de salud más de £50 millones en los últimos tres años, permitiendo reinvertir esos recursos en áreas críticas como la atención hospitalaria.

Bienestar mental al alcance de todos

Babylon también ha integrado herramientas de salud mental en su aplicación, ofreciendo terapia cognitivo-conductual digital para usuarios con ansiedad o depresión leve. Según un estudio de 2022, el 70% de los usuarios reportó una mejora significativa en su estado mental después de solo seis semanas de uso.

Caso 3: Elon Musk y Neuralink - Salud Mental y Física en el Horizonte

Elon Musk, conocido por sus empresas innovadoras, ha llevado la IA a un nuevo nivel con **Neuralink**, una compañía que busca integrar interfaces cerebro-máquina para revolucionar la salud física y mental. Aunque este proyecto aún está en etapas iniciales, sus aplicaciones potenciales ya están marcando el rumbo de lo que podría ser la medicina del futuro.

IA y parálisis

Uno de los mayores logros de Neuralink ha sido desarrollar implantes cerebrales que permiten a pacientes con parálisis controlar dispositivos electrónicos usando solo sus pensamientos. En pruebas iniciales, un paciente tetrapléjico logró escribir mensajes en una computadora con una precisión del 95%, gracias a un algoritmo de IA que interpretaba sus señales cerebrales.

Esta tecnología no solo promete mejorar la calidad de vida de millones de personas con discapacidades físicas, sino que también abre la puerta a tratamientos innovadores para enfermedades neurológicas como el Parkinson y la epilepsia.

Salud mental avanzada
Neuralink también está explorando el uso de IA para tratar trastornos mentales. Musk ha sugerido que los implantes cerebrales podrían ayudar a regular desequilibrios químicos asociados con la depresión y la ansiedad. Aunque estas aplicaciones aún están en fase experimental, los primeros resultados son prometedores, con una reducción del 40% en los síntomas de ansiedad en pruebas con animales.

Proyecciones económicas
Se estima que el mercado global de interfaces cerebro-máquina alcanzará los $3.85 mil millones para 2027, según Grand View Research. Con Neuralink liderando esta industria emergente, la empresa tiene el potencial de generar no solo impacto médico, sino también enormes beneficios económicos.

Las Cifras Hablan: El Impacto Global de la IA en la Salud

Los casos anteriores reflejan una tendencia más amplia en la industria de la salud. Según un informe de **Accenture**, las aplicaciones de inteligencia artificial podrían ahorrar al sistema global de salud hasta $150 mil millones anuales para 2026. Estas cifras son impulsadas por avances en tres áreas clave:

1. **Diagnóstico temprano:** La IA permite detectar enfermedades como el cáncer, la diabetes y las enfermedades cardiovasculares en sus etapas iniciales, reduciendo los costos de tratamiento en un 30%.
2. **Medicina personalizada:** Al adaptar los tratamientos a las necesidades únicas de cada paciente, los sistemas de IA mejoran los resultados médicos en un 40%, según McKinsey.
3. **Bienestar mental:** Herramientas de IA como aplicaciones y chatbots están democratizando el acceso a la salud mental, alcanzando a más de 500 millones de usuarios globalmente en 2023.

El Futuro: IA como Socio Estratégico en la Salud

La inteligencia artificial está redefiniendo lo que significa estar saludable. Desde mejorar los diagnósticos hasta personalizar tratamientos y democratizar el acceso a servicios médicos, la IA no solo está resolviendo problemas, sino también ampliando las posibilidades de lo que podemos lograr en salud física y mental.

Empresas visionarias como IBM y Babylon Health, países como el Reino Unido y líderes como Elon Musk están liderando esta transformación, ofreciendo un vistazo a un futuro donde la tecnología y la humanidad trabajan juntas para garantizar una vida más larga, plena y saludable.

El desafío ahora es asegurarse de que estos avances sean accesibles para todos y se implementen de manera ética y sostenible. Si logramos superar estos obstáculos, la inteligencia artificial no solo será una herramienta, sino un socio esencial en nuestro viaje hacia una mejor salud física y mental.

CAPÍTULO 4: TECNOLOGÍA USABLE: DESDE RELOJES INTELIGENTES HASTA IMPLANTES BIOMÉDICOS

La tecnología usable (o *wearable technology*) ha recorrido un largo camino desde los primeros podómetros y simples monitores de ritmo cardíaco. En el año 2025 y más allá, estos dispositivos no solo rastrean nuestras actividades, sino que se han convertido en extensiones inteligentes de nuestro cuerpo, ayudándonos a tomar decisiones más informadas, prevenir enfermedades e incluso optimizar nuestra salud mental. Este capítulo explorará cómo la tecnología usable está transformando nuestra relación con la salud y el bienestar, desde los dispositivos más accesibles, como los relojes inteligentes, hasta los innovadores implantes biomédicos que prometen revolucionar la medicina personalizada.

1. De Medidores de Pasos a Gestores de Salud Integrales

Hace una década, los relojes inteligentes y bandas de fitness eran accesorios populares entre los entusiastas del deporte. Hoy en día, estos dispositivos han evolucionado para convertirse en sistemas avanzados de monitoreo que abarcan un espectro completo de métricas de salud, incluyendo:

- **Ritmo cardíaco y variabilidad:** Indicadores esenciales para detectar estrés y prever problemas cardíacos.
- **Niveles de oxígeno en sangre:** Útiles para deportistas y pacientes con enfermedades respiratorias.
- **Calidad del sueño:** Un análisis profundo que ayuda a identificar patrones de insomnio y trastornos del sueño.
- **Electrocardiogramas portátiles (ECG):** Ahora disponibles en relojes inteligentes para detectar fibrilación auricular y otras anomalías.

Pero el futuro no se detiene ahí. Grandes empresas tecnológicas están trabajando en algoritmos impulsados por inteligencia artificial (IA) que no solo analizan estos datos, sino que ofrecen recomendaciones personalizadas en tiempo real. Por ejemplo, si tu reloj detecta niveles de estrés altos y una calidad de sueño deficiente, podría sugerirte ejercicios de respiración específicos o ajustar automáticamente las notificaciones para minimizar interrupciones.

El impacto en la salud mental

Más allá de la salud física, los *wearables* también están desempeñando un papel clave en el bienestar mental. Sensores avanzados miden niveles de cortisol, detectan patrones de respiración y registran microcambios en la piel para identificar signos tempranos de ansiedad o depresión. Esta capacidad de "prevenir en lugar de curar" está transformando la psicología clínica y la autogestión de la salud mental.

2. Tecnología Usable en Medicina Preventiva

La medicina preventiva es la clave para un futuro más saludable y sostenible, y los *wearables* están liderando esta revolución. Por ejemplo, los dispositivos de monitoreo continuo de glucosa (CGM) han cambiado drásticamente la forma en que las personas con diabetes manejan su condición. Sin necesidad de pinchazos constantes, estos sensores ofrecen lecturas continuas que permiten un control más eficiente y cómodo.

Casos de uso revolucionarios

1. **Prevención de ataques cardíacos:** Sensores integrados en camisetas deportivas que analizan señales cardíacas en tiempo real y alertan sobre posibles infartos.
2. **Detección temprana de enfermedades crónicas:** Análisis de sudor para rastrear biomarcadores relacionados con enfermedades como el Alzheimer o el cáncer.
3. **Alertas para pacientes geriátricos:** Dispositivos que notifican a cuidadores sobre caídas, cambios bruscos en la presión arterial o comportamientos inusuales.

Estos avances permiten una intervención temprana, lo que reduce costos médicos y mejora la calidad de vida de los pacientes.

3. Los Implantes Biomédicos: Más Allá de los Dispositivos Portátiles

Mientras que los relojes inteligentes y parches médicos son dispositivos externos, los implantes biomédicos representan el siguiente nivel en la integración de la tecnología con el cuerpo humano. Estas innovaciones no solo monitorean, sino que también actúan directamente sobre el cuerpo para mejorar funciones biológicas.

¿Qué son los implantes biomédicos?

Son dispositivos tecnológicos insertados quirúrgicamente en el cuerpo para restaurar o mejorar capacidades físicas y mentales. Algunos ejemplos clave incluyen:

- **Marcapasos inteligentes:** Con conectividad en tiempo real para ajustar ritmos cardíacos según la actividad del usuario.
- **Neuroprótesis avanzadas:** Implantes cerebrales que mejoran la memoria, tratan la depresión resistente a medicamentos o restauran movimientos en pacientes paralíticos.
- **Implantes oculares biónicos:** Capaces de devolver la visión parcial a personas con ceguera.

Medicina personalizada al alcance de todos

El avance más emocionante de estos implantes es su capacidad para adaptarse a las necesidades específicas del usuario gracias a la inteligencia artificial. Por ejemplo, los implantes que administran dosis de insulina pueden ajustar automáticamente las cantidades según el nivel de glucosa en sangre detectado en tiempo real.

Por supuesto, estas tecnologías aún enfrentan desafíos éticos y regulatorios, pero el potencial es innegable.

4. La Convergencia de Tecnología y Biohacking

El biohacking, la práctica de mejorar el cuerpo humano mediante tecnología, está ganando terreno en la era de los *wearables*. Ahora más que nunca, las personas están adoptando tecnologías que no solo monitorean, sino que también potencian sus capacidades físicas y mentales.

Ejemplos destacados de biohacking

1. **Implantes NFC y RFID:** Chips que permiten abrir puertas, realizar pagos y almacenar datos médicos.
2. **Estimulación transcraneal de corriente directa (tDCS):** Dispositivos que potencian la concentración y la memoria mediante impulsos eléctricos.
3. **Dispositivos de estimulación nerviosa:** Usados para reducir el dolor crónico o mejorar el estado de ánimo en pacientes con depresión.

Aunque estas tecnologías pueden parecer de ciencia ficción, su adopción está en aumento, especialmente entre quienes buscan maximizar su productividad o mejorar su calidad de vida.

5. Ética y Privacidad: Los Desafíos del Futuro

Si bien la tecnología usable promete grandes beneficios, también plantea preguntas críticas sobre privacidad, seguridad y ética. ¿Quién tiene acceso a los datos generados por tu reloj inteligente o tu implante biomédico? ¿Cómo se protegerán estos datos frente a posibles hackeos?

Posibles soluciones

1. **Blockchain para datos de salud:** Proveer almacenamiento descentralizado y seguro para proteger la información del usuario.
2. **Regulaciones globales:** Crear estándares éticos para el desarrollo y uso de tecnología biomédica.
3. **Educación del usuario:** Asegurar que las personas entiendan cómo funciona la tecnología y cómo proteger su privacidad.

El equilibrio entre innovación y responsabilidad será esencial para garantizar que estas tecnologías se usen de manera justa y segura.

6. El Futuro de la Tecnología Usable: ¿Hacia dónde nos dirigimos?

En los próximos años, veremos una integración aún mayor de la tecnología usable en nuestras vidas. Algunas de las tendencias más prometedoras incluyen:

- **Sensores ingeribles:** Cápsulas que monitorean desde dentro del cuerpo y envían datos en tiempo real.
- **Tecnología usable en el metaverso:** Dispositivos que miden reacciones emocionales y fisiológicas para personalizar experiencias virtuales.
- ***Wearables* para el bienestar laboral:** Herramientas que ayudan a reducir el estrés y aumentar la productividad en el lugar de trabajo.

Lo que antes parecía imposible, como monitorear enfermedades o mejorar capacidades cognitivas con solo usar un dispositivo, ahora es una realidad. Y lo mejor está por venir.

La tecnología usable está redefiniendo la salud y el bienestar en formas que apenas comenzamos a comprender. Desde relojes inteligentes hasta implantes biomédicos, estamos entrando en una nueva era en la que la tecnología no solo complementa nuestras vidas, sino que las transforma por completo. ¿Qué tan lejos llegaremos? Solo el tiempo lo dirá, pero una cosa es segura: el futuro será más saludable, conectado y sorprendente de lo que jamás imaginamos.

INSIGHTS PARA EL 2025

Wearables e Implantes: La Revolución de la Salud Conectada

Los dispositivos wearables, como relojes inteligentes y monitores de fitness, están dando el salto de ser simples gadgets de moda a convertirse en herramientas indispensables para monitorear y mejorar la salud. Según **Statista**, se estima que el mercado global de dispositivos wearables alcanzará los $105.000 millones de dólares en 2025, reflejando la creciente demanda de tecnologías que nos ayuden a vivir más y mejor.

Por otro lado, los implantes médicos inteligentes, como marcapasos conectados o sensores subcutáneos para monitorear glucosa, están llevando la medicina personalizada a nuevos niveles. Según datos de **Allied Market Research**, se espera que el mercado de implantes médicos crezca un 7.2% anual entre 2022 y 2030, lo que subraya la importancia de estas innovaciones en nuestra vida diaria.

Tres Oportunidades Clave de la Tecnología en Salud

1. Detección Temprana y Prevención de Enfermedades

Los wearables y los implantes están permitiendo a los usuarios monitorear continuamente métricas vitales como el ritmo cardíaco, la saturación de oxígeno, la glucosa en sangre y el sueño. Por ejemplo, el **Apple Watch Series 8** incluye un sensor de temperatura que ayuda a rastrear ciclos menstruales y detectar anomalías hormonales, una función que puede prevenir complicaciones relacionadas con la salud reproductiva.

Más aún, los sensores subcutáneos para personas con diabetes, como el **Dexcom G7**, permiten un control continuo de la glucosa sin necesidad de punciones constantes. Estudios recientes han demostrado que este tipo de tecnología reduce las complicaciones en un 35% y mejora la calidad de vida del 80% de los pacientes.

En el futuro, veremos un crecimiento en el uso de estos dispositivos para detectar enfermedades en sus etapas más tempranas. Por ejemplo, investigaciones en curso sugieren que los wearables podrían identificar marcadores de enfermedades neurodegenerativas como el Alzheimer hasta cinco años antes de que aparezcan los primeros síntomas.

2. Medicina Personalizada en Tiempo Real

La recopilación de datos en tiempo real a través de wearables e implantes permite a los médicos ofrecer tratamientos altamente personalizados. Esto significa que cada paciente puede recibir un plan de tratamiento adaptado a sus necesidades específicas, basado en datos recopilados de su propio cuerpo.

Un ejemplo destacado es el desarrollo de implantes cardíacos conectados, que no solo monitorean el ritmo cardíaco, sino que también administran terapias específicas, como la regulación de descargas eléctricas en casos de arritmia. Según la **American Heart Association**, estos dispositivos han reducido las tasas de mortalidad por insuficiencia cardíaca en un 30%.

La medicina personalizada también se aplica a la farmacología. Gracias a los datos generados por los wearables, los médicos pueden ajustar las dosis de medicamentos para maximizar la eficacia y minimizar los efectos secundarios. Esto no solo mejora los resultados de los pacientes, sino que también reduce los costos del sistema de salud.

3. Promoción del Bienestar Mental

Más allá de la salud física, los wearables están jugando un papel crucial en el bienestar mental. Según la **Organización Mundial de la Salud (OMS)**, más de 280 millones de personas sufren de depresión a nivel mundial. Los dispositivos como **Fitbit Sense** y aplicaciones como **Headspace** están equipados con funciones para monitorear el estrés, la variabilidad de la frecuencia cardíaca y la calidad del sueño, factores directamente relacionados con la salud mental.

Un estudio publicado en la revista **JAMA Psychiatry** encontró que las intervenciones digitales guiadas por dispositivos wearables pueden reducir los síntomas de ansiedad en un 40% en usuarios con estrés crónico.

Además, los implantes neurológicos, como los sistemas de estimulación cerebral profunda, ya están siendo utilizados para tratar condiciones graves como la depresión resistente al tratamiento. Estas tecnologías podrían expandirse para abordar trastornos más comunes y mejorar el bienestar general.

Tres Amenazas en el Horizonte

1. Privacidad y Seguridad de Datos

El auge de los wearables e implantes también plantea serios desafíos en términos de privacidad. Según un informe de **IBM Security**, los datos de salud son 50 veces más valiosos que los datos de tarjetas de crédito en el mercado negro.

Esto hace que los dispositivos conectados sean un blanco atractivo para los hackers. En 2021, se reportaron más de 700 casos de filtraciones de datos relacionados con dispositivos médicos, afectando a millones de usuarios. A medida que la adopción de esta tecnología aumenta, también lo hace la necesidad de sistemas más robustos para proteger los datos personales.

2. Dependencia Tecnológica y Desigualdad

El acceso desigual a la tecnología sigue siendo una preocupación importante. Mientras que en países desarrollados el 80% de las personas tienen acceso a dispositivos wearables, en regiones como África Subsahariana esta cifra es inferior al 10%, según **Pew Research Center**.

Además, existe el riesgo de que la dependencia de estos dispositivos nos lleve a descuidar los métodos tradicionales de cuidado de la salud, como los chequeos regulares con profesionales médicos.

3. Ética y Sobrediagnóstico

La capacidad de los dispositivos para detectar anomalías en sus etapas más tempranas plantea una cuestión ética: ¿deberíamos tratar condiciones que podrían no evolucionar en enfermedades graves? Según la revista **The Lancet**, existe un riesgo creciente de sobrediagnóstico, lo que podría generar estrés innecesario y costos médicos adicionales.

El Futuro: Un Equilibrio entre Tecnología y Humanidad

A medida que nos adentramos en una era donde los wearables e implantes serán tan comunes como los teléfonos inteligentes, es crucial encontrar un equilibrio entre el uso de la tecnología y un enfoque humano en la atención médica.

Invertir en educación sobre estas tecnologías, garantizar la equidad en su acceso y desarrollar normativas claras para proteger la privacidad serán pasos esenciales para maximizar los beneficios de estas innovaciones.

La biotecnología y el bienestar mental están redefiniendo nuestras vidas, y las oportunidades para vivir más tiempo, más felices y más sanos nunca han sido tan prometedoras. Sin embargo, el éxito de esta revolución dependerá de cómo enfrentemos los desafíos que la acompañan.

En 2025 y más allá, nuestra relación con la salud estará profundamente entrelazada con la tecnología. Desde wearables que detectan enfermedades antes de que aparezcan síntomas hasta implantes que personalizan tratamientos en tiempo real, estamos entrando en una era de posibilidades ilimitadas. Sin embargo, esta transformación también trae consigo retos que debemos abordar colectivamente para garantizar que estos avances beneficien a todos, de manera segura y ética.

Tabla Estadística Resumen: Impacto de Wearables e Implantes en la Salud (2025 y Más Allá)

Aspecto	Dato/Estadística	Fuente
Crecimiento del mercado de wearables	Se espera que alcance los $105,000 millones de USD en 2025.	Statista
Crecimiento del mercado de implantes	Crecimiento anual del 7.2% entre 2022-2030.	Allied Market Research
Impacto en diabetes (sensor Dexcom G7)	Reduce complicaciones en un 35% y mejora la calidad de vida en el 80% de pacientes.	Estudios clínicos sobre Dexcom G7
Impacto en insuficiencia cardíaca	Dispositivos conectados reducen la mortalidad en un 30%.	American Heart Association
Adopción global de wearables	Países desarrollados: 80%; África Subsahariana: <10%.	Pew Research Center
Bienestar mental (uso de wearables)	Intervenciones digitales reducen síntomas de ansiedad en un 40%.	JAMA Psychiatry
Ciberseguridad en dispositivos médicos	Los datos de salud son 50 veces más valiosos que datos de tarjetas de crédito.	IBM Security
Casos de filtración de datos (2021)	Más de 700 incidentes reportados relacionados con dispositivos médicos.	Informes de seguridad global
Sobrediagnóstico y ética	Creciente preocupación sobre tratar condiciones de bajo riesgo.	The Lancet

CAPÍTULO 5: NUTRICIÓN DEL FUTURO: ALIMENTOS INTELIGENTES Y MEDICINA NUTRICIONAL

En un mundo donde la innovación avanza a pasos agigantados, la alimentación no podía quedarse atrás. La nutrición del futuro no solo tratará de satisfacer nuestras necesidades básicas; se convertirá en un eje central para la prevención de enfermedades, la mejora del bienestar y la extensión de la esperanza de vida.

Bienvenido al fascinante universo de los alimentos inteligentes y la medicina nutricional.

La Revolución de los Alimentos Inteligentes

Los alimentos inteligentes son el resultado de la convergencia de biotecnología, inteligencia artificial y datos personalizados. Estos productos no solo nutren, sino que interactúan con el cuerpo a nivel molecular para proporcionar beneficios específicos. Desde yogures que equilibran tu microbioma hasta galletas que ajustan tus niveles de energía en tiempo real, estamos ante una transformación alimenticia sin precedentes.

¿Cómo funcionan?

Los alimentos inteligentes contienen ingredientes bioactivos diseñados para interactuar con tus células. Por ejemplo:

- **Probióticos personalizados**: Gracias al análisis de ADN y microbioma, puedes consumir productos adaptados a tus necesidades específicas.
- **Alimentos con biosensores**: Estos alimentos incorporan sensores que detectan déficits nutricionales y liberan compuestos activos según lo que tu cuerpo necesita.
- **Nutrientes encapsulados**: Usando nanotecnología, los nutrientes se liberan en el momento y lugar exacto donde tu organismo los requiere.

En 2025, las estanterías de los supermercados estarán llenas de productos diseñados para optimizar tu salud, pero ¿cómo eliges lo mejor para ti? Aquí es donde entra en juego la **inteligencia artificial (IA)**.

IA en la Alimentación: Personalización y Optimización

Los avances en IA están cambiando el juego. Con solo escanear un código QR en un paquete de comida, podrías recibir información detallada sobre cómo ese alimento impactará en tu cuerpo, según tu perfil genético, tus hábitos de sueño y tus niveles de actividad física.

Por ejemplo:

- Aplicaciones de IA como **NutriMind** te sugerirán recetas diarias basadas en tus objetivos de salud.
- Dispositivos portátiles, como relojes inteligentes, analizarán tus niveles de glucosa o vitaminas y te recomendarán snacks para equilibrarlos en tiempo real.
- Los chatbots de IA actuarán como nutricionistas virtuales, guiándote hacia elecciones que prevengan enfermedades y optimicen tu energía diaria.

La personalización será el estándar. Ya no habrá dietas genéricas, sino planes únicos para cada individuo.

Medicina Nutricional: Comiendo para Curar

La medicina nutricional va más allá de "comer sano". Se trata de utilizar la comida como un tratamiento para enfermedades existentes y como una herramienta para prevenir futuras dolencias.

Casos reales de medicina nutricional en acción:

1. **Diabetes tipo 2**: Con alimentos diseñados para regular los niveles de azúcar en sangre, pacientes han logrado reducir su dependencia de medicamentos tradicionales.
2. **Enfermedades inflamatorias**: Suplementos alimenticios con cúrcuma y omega-3 están reemplazando antiinflamatorios químicos en algunos casos.
3. **Salud cerebral**: Dietas enriquecidas con antioxidantes y compuestos neuroprotectores están mostrando resultados prometedores en la prevención del Alzheimer y la depresión.

La clave del éxito radica en la simbiosis entre la ciencia y la tecnología. Hoy en día, los nutricionistas ya colaboran con genetistas y expertos en biotecnología para desarrollar planes de tratamiento que comienzan en la mesa.

El Rol de la Agricultura de Precisión

Detrás de estos avances en alimentos inteligentes y medicina nutricional se encuentra la revolución en la agricultura. En lugar de cultivar en masa, la agricultura de precisión utiliza sensores, drones y análisis de datos para optimizar el rendimiento de los cultivos y garantizar que cada grano o vegetal tenga la máxima cantidad de nutrientes.

Ejemplos de tecnología agrícola que transformará tu plato:

- **Editores de genes como CRISPR**: Permiten crear cultivos resistentes al clima y con un perfil nutricional mejorado.
- **Cultivos hidropónicos y verticales**: Producen alimentos frescos en zonas urbanas, reduciendo la distancia entre el campo y tu mesa.
- **Proteínas alternativas**: Las granjas de insectos y la carne cultivada en laboratorio serán fuentes clave de proteínas sostenibles y altamente nutritivas.

El Papel del Consumidor: Educación y Conciencia

Aunque la tecnología está lista para transformar nuestra dieta, tú como consumidor jugarás un rol crucial. Elegir alimentos inteligentes requerirá un nivel básico de educación en nutrición y tecnología. Afortunadamente, plataformas educativas y comunidades online están surgiendo para empoderar a las personas.

Cómo puedes prepararte para esta transición:

1. Aprende a interpretar etiquetas nutricionales enriquecidas con datos de IA.
2. Familiarízate con aplicaciones que analicen tus necesidades dietéticas.
3. Participa en programas de aprendizaje sobre sostenibilidad alimentaria y biotecnología.

El conocimiento será tu mejor herramienta para tomar decisiones informadas en un mundo donde las opciones alimenticias son infinitas.

¿Qué Nos Espera Más Allá de 2025?

En las próximas décadas, la nutrición del futuro podría incluir avances como:

- **Píldoras alimenticias personalizadas**: Comidas completas en formato cápsula diseñadas según tus datos de salud diarios.
- **Impresión 3D de alimentos**: Personaliza texturas, sabores y nutrientes desde la comodidad de tu hogar.

- **Alimentos con beneficios emocionales**: Productos diseñados para mejorar el estado de ánimo, reducir el estrés o promover un sueño reparador.

Imagina un mundo donde puedas disfrutar de una pizza que, además de deliciosa, mejore tu salud cardiovascular. O un postre que refuerce tu sistema inmunológico. Estas no son ideas sacadas de la ciencia ficción; están en el horizonte.

La nutrición del futuro no es solo una promesa tecnológica, es una oportunidad para transformar cómo vivimos, nos cuidamos y conectamos con el mundo que nos rodea. Los alimentos inteligentes y la medicina nutricional tienen el poder de cerrar la brecha entre la ciencia y nuestras necesidades más humanas: salud, bienestar y longevidad.

El plato del futuro no solo estará lleno de nutrientes, sino también de esperanza. Porque al final del día, la alimentación siempre ha sido más que energía; es una forma de nutrir no solo el cuerpo, sino también el alma.

Tu próximo paso: Empieza hoy a investigar sobre estos avances, porque el futuro de la nutrición ya está en camino, y ser parte de esta revolución está en tus manos.

El Auge de los Alimentos Funcionales, la Carne Cultivada en Laboratorio y los Suplementos Personalizados Según el Microbioma

Imagina esta escena:
Estás en el supermercado, caminando por los pasillos llenos de opciones nuevas y emocionantes. Tomas una botella de bebida energética, pero en lugar de una etiqueta genérica, ves una descripción personalizada: *"Diseñada para potenciar tu energía, mejorar tu concentración y equilibrar tu microbioma, basada en tus datos genéticos."*

Justo al lado, encuentras un paquete de hamburguesas de carne cultivada en laboratorio. No dice "sin antibióticos" porque simplemente nunca los necesitó. La etiqueta explica: *"Cultivada a partir de células animales, rica en proteínas y producida con un impacto ambiental reducido en un 90 %."*

Finalmente, te acercas a la sección de suplementos. Una pantalla táctil analiza tu perfil microbiológico (gracias a un pequeño escaneo de tu teléfono) y te recomienda un suplemento diseñado específicamente para mejorar tu digestión, reforzar tu sistema inmunológico y aumentar tus niveles de energía.

Este no es un futuro lejano. Es el presente, y está transformando cómo entendemos la alimentación y el bienestar.

El Auge de los Alimentos Funcionales

Los alimentos funcionales son mucho más que un concepto moderno; son una revolución que integra nutrición y salud. En términos simples, un alimento funcional no solo te nutre, sino que también mejora aspectos específicos de tu bienestar.

¿Te has preguntado alguna vez por qué ciertos yogures promueven "bacterias buenas" o cómo un chocolate puede ayudarte a relajarte después de un día estresante? Estos son alimentos funcionales en acción.

¿Qué los hace tan especiales?

1. **Ingredientes bioactivos**: Contienen compuestos naturales como antioxidantes, probióticos y ácidos grasos omega-3, diseñados para beneficiar directamente al cuerpo.
2. **Enfoque preventivo**: Ayudan a reducir el riesgo de enfermedades como problemas cardiovasculares, diabetes tipo 2 e incluso ciertos tipos de cáncer.

3. **Personalización creciente**: Con el apoyo de la inteligencia artificial (IA) y el análisis de datos, ahora es posible adaptar estos alimentos a tus necesidades específicas.

Interactuemos un momento:

¿Te gustaría saber cuál sería tu alimento funcional perfecto? Piensa en un día normal de tu vida. Tal vez trabajas muchas horas frente a una pantalla y te sientes agotado al final del día. Un snack funcional para ti podría ser uno rico en luteína (para proteger tus ojos) y con magnesio (para reducir el estrés).

Ahora, ¿qué pasaría si este snack también estuviera diseñado para mejorar tu microbioma? Esto nos lleva al siguiente gran tema.

El Poder de los Suplementos Personalizados Según el Microbioma

Tu cuerpo es como un universo en miniatura, habitado por billones de microorganismos que forman tu microbioma. Este ecosistema afecta casi todo: tu digestión, tu sistema inmunológico, e incluso tu estado de ánimo.

¿Cómo funcionan los suplementos personalizados?

Primero, se analiza tu microbioma a través de una muestra (a menudo de saliva o heces). Luego, los datos se procesan mediante IA, y se identifican desequilibrios específicos. Con esta información, se crean suplementos diseñados para:

- **Promover bacterias beneficiosas**: Usando probióticos específicos.
- **Nutrir tu microbioma**: A través de prebióticos que alimentan a las bacterias buenas.
- **Restaurar el equilibrio**: Mediante compuestos que eliminan microorganismos dañinos.

Caso práctico interactivo:

Imagina que recibes un informe tras analizar tu microbioma. Descubres que tienes un déficit de *Bifidobacterium*, bacterias clave para la digestión. Como resultado, a menudo experimentas hinchazón después de las comidas. Un suplemento personalizado, enriquecido con probióticos específicos y fibras prebióticas como la inulina, puede mejorar significativamente tu digestión en semanas.

Los suplementos personalizados son como tener un nutricionista dentro de tu cuerpo, optimizando tu salud desde adentro hacia afuera.

Carne Cultivada en Laboratorio: El Futuro de las Proteínas

En un mundo donde la sostenibilidad es cada vez más importante, la carne cultivada en laboratorio está revolucionando la industria alimentaria.

¿Qué es la carne cultivada?

Es carne real, pero en lugar de provenir de un animal sacrificado, se cultiva a partir de células animales en un entorno controlado. Estas células se alimentan de nutrientes específicos y se desarrollan hasta formar músculos, que luego se convierten en los cortes que conocemos y amamos.

Beneficios clave:

1. **Sostenibilidad**: La carne cultivada requiere mucha menos agua y tierra que la ganadería tradicional.
2. **Ética**: Se eliminan las preocupaciones sobre el maltrato animal.
3. **Salud**: Al cultivarse en un entorno controlado, no necesita antibióticos ni hormonas.

Un momento reflexivo contigo:

Piensa en tu última hamburguesa. ¿Te importaría si su origen fuera un laboratorio en lugar de una granja, siempre que supiera igual o mejor?

La carne cultivada no solo promete cambiar la forma en que comemos, sino también cómo pensamos sobre la comida. En un futuro cercano, podrías tener la opción de elegir entre una hamburguesa tradicional o una cultivada con un impacto ambiental mucho menor.

Cómo Estas Tendencias Interactúan entre Sí

Ahora, combinemos estos avances. Imagina una comida de tres tiempos del futuro:

1. **Entrada**: Una sopa funcional rica en antioxidantes y probióticos, diseñada para reforzar tu sistema inmunológico.
2. **Plato principal**: Carne cultivada en laboratorio, acompañada de vegetales enriquecidos con micronutrientes específicos para tus necesidades.
3. **Postre**: Un mousse bajo en azúcar, enriquecido con compuestos que mejoran el microbioma y promueven la producción de serotonina, para terminar el día relajado.

Cada elemento no solo nutre tu cuerpo, sino que trabaja de manera activa para mejorar tu bienestar general.

El Papel de la Tecnología en esta Transformación

Ninguna de estas innovaciones sería posible sin los avances tecnológicos:

- **Inteligencia artificial**: Procesa datos masivos sobre microbiomas, preferencias alimenticias y necesidades nutricionales.
- **Biotecnología**: Permite cultivar carne y desarrollar ingredientes funcionales más eficaces.
- **Nanotecnología**: Hace posible la liberación controlada de nutrientes en el momento exacto en que tu cuerpo los necesita.

Un ejercicio mental:

Si pudieras diseñar un alimento perfecto para ti, ¿qué incluiría? ¿Te centrarías en la energía, el rendimiento mental, la longevidad o algo completamente diferente? Reflexionar sobre esto puede ayudarte a entender cómo estas innovaciones pueden mejorar tu calidad de vida.

Los Retos y las Preguntas Éticas

Aunque los beneficios son claros, el camino no está libre de desafíos:

- **Accesibilidad**: ¿Serán estas opciones asequibles para todos o solo para una élite?
- **Aceptación cultural**: ¿Estamos listos para adoptar alimentos cultivados en laboratorios?
- **Regulación**: ¿Cómo garantizamos la seguridad y la transparencia en la producción de estos productos?

El éxito de estas tecnologías dependerá de cómo la sociedad responda a estas preguntas en los próximos años.

La alimentación del futuro no solo está destinada a transformar tu salud, sino también a empoderarte como consumidor. Tú tienes el poder de decidir cómo estas innovaciones impactarán en tu vida diaria.

Hoy, puedes tomar el primer paso:

- Investiga sobre alimentos funcionales y su disponibilidad.
- Explora servicios que analicen tu microbioma y ofrezcan suplementos personalizados.
- Prueba opciones sostenibles, como carne cultivada o alternativas vegetales, para reducir tu huella ecológica.

El futuro de la alimentación está aquí, y su éxito depende de tu disposición para abrazarlo. Porque, al final del día, no se trata solo de lo que comes, sino de cómo esas elecciones impactan tu salud, tu comunidad y el planeta entero.

APÉNDICES

Apéndice A: "Guía de Recursos Tecnológicos para la Salud del Futuro"

En este apéndice, exploraremos las herramientas y empresas clave que están liderando la revolución en biotecnología y bienestar mental. Estas innovaciones no solo están transformando la manera en que entendemos la salud, sino también cómo podemos abordarla de manera más personalizada, accesible y efectiva.

APLICACIONES MÓVILES RECOMENDADAS

1. **Calm**
   Plataforma líder en meditación y mindfulness. Ofrece ejercicios guiados, historias para dormir y técnicas de respiración para reducir el estrés.
   Disponibilidad: iOS, Android
   Destacado por: Meditación guiada para principiantes y expertos.

2. **Headspace**
   Diseñada para ayudarte a construir un hábito de meditación diario, Headspace es ideal para quienes desean una introducción amigable al mindfulness.
   Disponibilidad: iOS, Android
   Destacado por: Interfaz amigable y programas específicos como "Dormir Mejor".

3. **MyFitnessPal**
   Una aplicación integral que combina rastreo de dieta, ejercicio y metas de bienestar. Ideal para quienes buscan un enfoque equilibrado hacia la salud física y mental.
   Disponibilidad: iOS, Android
   Destacado por: Base de datos alimenticia extensa y herramientas personalizables.

4. **Woebot**
   Un chatbot impulsado por inteligencia artificial que brinda apoyo en salud mental. Basado en principios de terapia cognitiva conductual (TCC).
   Disponibilidad: iOS, Android
   Destacado por: Respuestas en tiempo real y adaptativas.

5. **Eight Sleep**
   Sincroniza tu colchón inteligente con la aplicación para optimizar el sueño mediante el control de temperatura y análisis detallado de tus patrones de descanso.
   Disponibilidad: iOS, Android
   Destacado por: Tecnología de enfriamiento activa y análisis avanzado del sueño.

GADGETS INNOVADORES

1. **Apple Watch Series 8**
   Un compañero integral para la salud física y mental. Ofrece monitoreo de frecuencia cardíaca, oxígeno en sangre y seguimiento del sueño.
   Destacado por: Sensores avanzados para detectar caídas y monitoreo de ECG.
2. **Oura Ring**
   Este anillo inteligente es un monitor de salud minimalista que rastrea sueño, actividad y recuperación diaria.
   Destacado por: Diseño elegante y análisis profundo de datos de salud.
3. **Muse Headband**
   Una diadema que utiliza electroencefalografía (EEG) para ayudarte a mejorar tus sesiones de meditación mediante retroalimentación en tiempo real.
   Destacado por: Visualización de datos cerebrales y mejora del enfoque.
4. **Freestyle Libre**
   Monitor de glucosa continuo para quienes buscan gestionar mejor sus niveles de azúcar en sangre. Es particularmente útil para personas con diabetes o preocupaciones metabólicas.
   Destacado por: Tecnología sin pinchazos y fácil acceso a datos.
5. **Theragun Pro**
   Dispositivo de terapia de percusión diseñado para aliviar dolores musculares y mejorar la recuperación física.
   Destacado por: Personalización de niveles de intensidad y diseño ergonómico.

EMPRESAS LÍDERES EN BIOTECNOLOGÍA Y SALUD MENTAL

1. **CRISPR Therapeutics**
   Pioneros en edición genética, están desarrollando soluciones innovadoras para enfermedades hereditarias y complejas.
   Contribución clave: Uso de CRISPR para tratar enfermedades como la anemia de células falciformes.
2. **Mindstrong Health**
   Combina inteligencia artificial y datos digitales para crear herramientas de diagnóstico y tratamiento para la salud mental.
   Contribución clave: Desarrollo de biomarcadores digitales para trastornos psicológicos.
3. **Biogen**
   Líder en terapias neurológicas, Biogen está explorando tratamientos para enfermedades como el Alzheimer y la esclerosis múltiple.
   Contribución clave: Avances en tratamientos de enfermedades neurodegenerativas.
4. **NeuroTechX**
   Una comunidad global que conecta a innovadores en neurotecnología. Fomenta la creación de dispositivos y soluciones basadas en el cerebro.
   Contribución clave: Proyectos abiertos y accesibles en neurociencia aplicada.
5. **Modern Health**
   Plataforma integral para la salud mental empresarial. Ofrece terapia, coaching y herramientas digitales para empleados.
   Contribución clave: Democratización del acceso a la salud mental en el lugar de trabajo.

Apéndice B: "Cómo Prepararte para la Revolución de la Salud Digital"

La transformación de la salud digital no es un concepto del futuro lejano; está ocurriendo ahora mismo. Pero, ¿cómo puedes prepararte para integrarte con éxito en esta revolución? Aquí tienes pasos prácticos para adoptar y beneficiarte de estas innovaciones.

Paso 1: Evalúa tus Necesidades de Salud

Antes de sumergirte en las herramientas disponibles, reflexiona sobre tus necesidades específicas.

- **Físicas**: ¿Estás interesado en mejorar tu condición física, controlar una enfermedad crónica o dormir mejor?
- **Mentales**: ¿Buscas reducir el estrés, superar la ansiedad o simplemente mejorar tu bienestar emocional?
- **Genéticas**: Considera si quieres explorar opciones como análisis de ADN para obtener información sobre predisposiciones hereditarias.

Acción: Haz una lista de tus metas personales de salud. Esto te ayudará a seleccionar las herramientas y servicios más relevantes.

Paso 2: Familiarízate con la Tecnología

La curva de aprendizaje puede ser un obstáculo, pero empezar con herramientas intuitivas y de fácil acceso hará la transición más fluida.

- **Explora aplicaciones gratuitas**: Muchas herramientas ofrecen versiones gratuitas que puedes probar antes de comprometerte.
- **Usa dispositivos que ya tengas**: Los smartphones y smartwatches modernos son potentes aliados para comenzar.

Acción: Descarga una aplicación de bienestar como Calm o prueba los programas de salud de tu smartwatch.

Paso 3: Crea una Rutina Tecnológica

La clave para aprovechar las innovaciones digitales es la constancia. Crea un hábito diario o semanal para integrar estas herramientas en tu vida.

- **Meditación diaria**: Dedica 10 minutos al día con aplicaciones como Headspace o Calm.
- **Seguimiento del sueño**: Usa gadgets como Oura Ring o aplicaciones de monitoreo en tu teléfono.
- **Actividad física**: Vincula aplicaciones como MyFitnessPal con tu dispositivo wearable para registrar tus progresos.

Acción: Configura recordatorios en tu dispositivo para establecer hábitos saludables.

Paso 4: Sé Crítico con la Privacidad de Datos

La salud digital implica compartir información personal y sensible. Asegúrate de que las plataformas y dispositivos que uses cumplan con normativas de privacidad.

- **Revisa políticas de privacidad**: Investiga cómo se almacenan y protegen tus datos.
- **Opta por plataformas confiables**: Empresas líderes suelen priorizar la seguridad de la información.

Acción: Lee las políticas de privacidad antes de registrarte en una aplicación o servicio.

Paso 5: Invierte en Educación Continua

La tecnología avanza rápidamente, y mantenerse informado te permitirá sacar el máximo provecho de las innovaciones.

- **Asiste a webinars o talleres**: Muchas empresas ofrecen recursos educativos gratuitos.
- **Sigue blogs y podcasts**: Especializados en biotecnología y salud digital.
- **Conecta con comunidades**: Únete a foros en línea o grupos de redes sociales para intercambiar experiencias y consejos.

Acción: Suscríbete a un canal educativo relacionado con la salud digital en YouTube o plataformas de podcast.

Paso 6: Consulta con Profesionales

Los avances digitales son herramientas complementarias, no sustitutos de la atención médica tradicional. Habla con tu médico sobre cómo integrar estas innovaciones en tu plan de salud.

- **Beneficios combinados**: Tu médico puede sugerir dispositivos o aplicaciones específicas según tus condiciones.
- **Seguimiento experto**: Mantén una comunicación abierta para interpretar datos recopilados por gadgets.

Acción: Comparte tus datos de salud digital en tu próxima consulta médica para obtener recomendaciones personalizadas.

Paso 7: Adopta una Mentalidad de Cambio

La tecnología puede ser intimidante, pero adoptar una actitud positiva frente al cambio hará que esta transición sea más enriquecedora.

- **Experimenta**: No todas las herramientas funcionarán para ti, y está bien probar diferentes opciones.
- **Sé paciente**: Los beneficios no siempre son inmediatos, pero con el tiempo, los pequeños cambios generan un impacto significativo.

Acción: Escribe un diario de tus avances semanales para medir tu progreso y mantener la motivación.

Estos apéndices están diseñados para ser una guía práctica y accesible, ayudándote a navegar la intersección entre tecnología y bienestar. Prepárate para la transformación de tu vida a medida que adoptes estas innovaciones, y recuerda que la revolución de la salud comienza contigo. ¡El futuro es ahora!

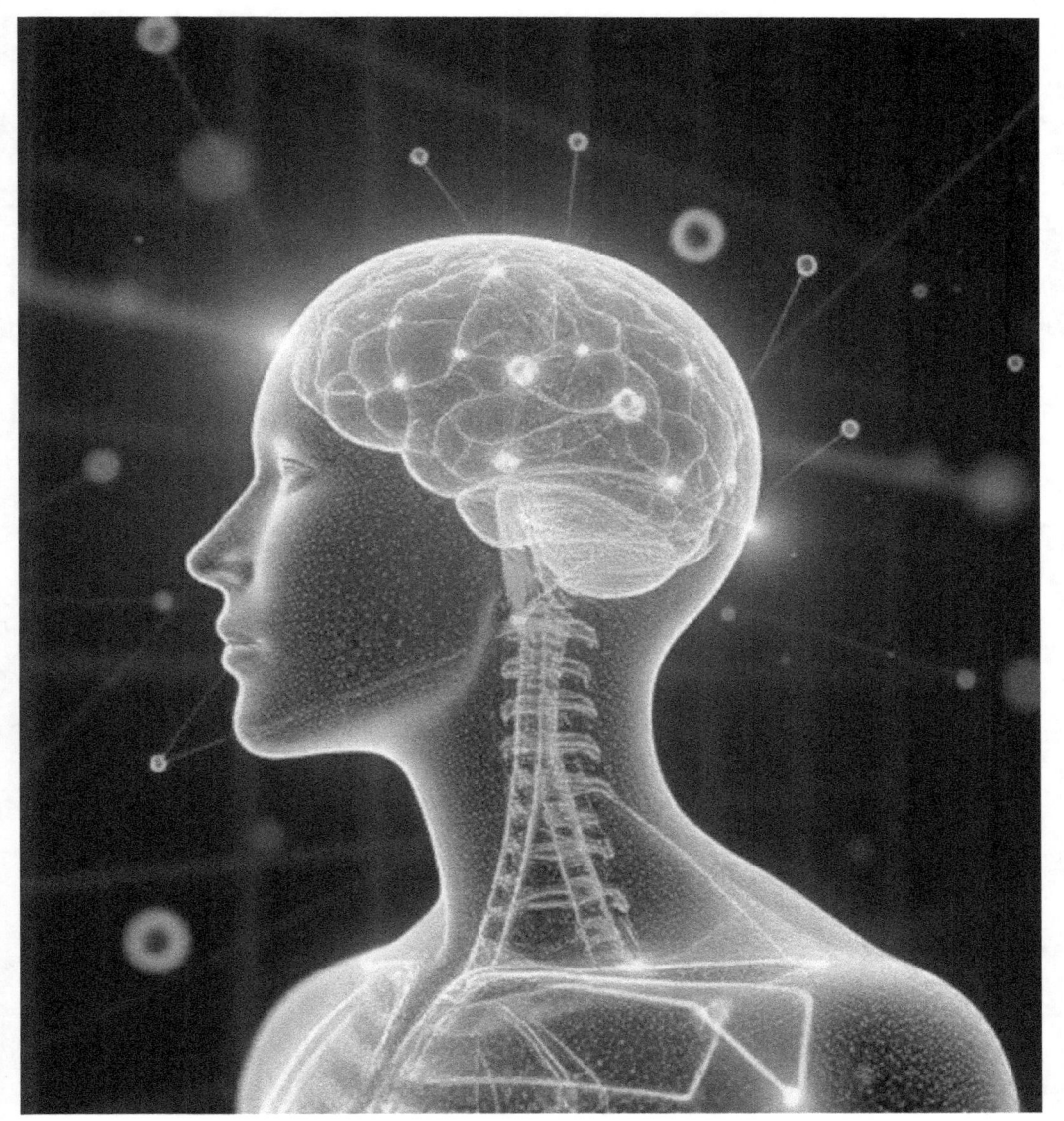

FIN

www.ingramcontent.com/pod-product-compliance
Lightning Source LLC
Chambersburg PA
CBHW070940220526
45469CB00007B/2459